生而自由系列

BORN FREE FOUNDATION

U0010507

拯救獅子

感動人心的真實故事

Lion Rescue

A True Story

莎拉‧史塔巴克（Sara Starbuck）◎作者

高子梅 ◎譯者

晨星出版

真實的故事最能感動人心

—— 荒野保護協會　理事長　劉月梅

　　在婚宴會場總有一段介紹或影片，述說著新郎與新娘的生長及認識過程，此書也是以這種方式介紹男女主角，娓娓道出辛巴、貝拉的生命歷程，因為透過細膩的觀察，作者將男女主角的心情及想法也一一詳述，此部分遠遠超過婚宴中單純的相片及文字表述，也深深啓動自己內在情感，思索著是否也有相似情景在身旁發生？

　　獅子是兇猛動物嗎？

　　看完此書，會發現牠們也有顆柔軟及期待自由的心，看完此書，發現自己內在那顆散發溫暖熱情的心，更加發出柔性溫暖的愛。

你我都可以成為有愛的那一個！

—— 童話夢想家‧幸福感故事大使　彥如姐姐

　　小時候，我很喜歡動畫電影《獅子王》的故事，獅王何等尊榮！但野生動物的世界，離生活於城市的我們是遙遠的，我們從未感受過人與動物共存的環境是如何？這本書裡的真實照片，實在太令人震撼！彷彿貝拉和辛巴就在你眼前，母獅貝拉用受傷的眼睛凝望著你，獅王辛巴毫無尊嚴地被關在獸車欄杆裡，而牠們經歷的這一切，都是遭受人類利用、不當對待所造成，牠們用生命承受，無法言語。生而自由基金會（Born Free）的理念振奮人心，在拯救獅子的過程中，感受到人與動物可以有和諧互助的關係，而在故事尾聲，兩隻獅子相互磨蹭倚賴的美好畫面，提醒我們：「傷害」與「善待」只在人們的一念之間！閱讀這個故事之後，也讓我們重新思考生命關注的焦點，不應該只有人類或自身在乎的事物，還有許多無言求助的生命，等待良善的心去重視和搶救。

前言

哈囉，大家好！

我們生而自由基金會（Born Free）相信，每個動物都值得在沒有痛苦或任何剝削的情況下活著。

我們的故事始於一九六四年，當時我跟已故的丈夫比爾·崔佛斯（Bill Travers）前往肯亞（Kenya）主演電影《獅子與我》（Born Free），這個慈善團體的名稱就是取自於這部電影的英文。電影是根據博物學家喬伊·亞當森（Joy Adamson）的暢銷書改編而

成，故事講述一頭可愛的小獅子愛爾莎（Elsa）的故事，由於喬伊的丈夫喬治‧亞當森（George Adamson）出於自衛射殺了母獅，愛爾莎因而淪為孤兒，於是亞當森夫婦視如己出地撫養她長大，並在他們的教導下學會如何像獅子一樣狩獵。因此時機成熟時，愛爾莎已經具備了野外求生的技能。

喬伊和喬治後來把愛爾莎野放到梅魯國家公園（Meru National Park），而他們的故事也改變了世人對獅子的看法。愛爾莎與亞當森一家人之間的深厚情感，證明了獅子不應該被一味地視為冷酷的殺手級猛獸，不應該被無情地射殺，不應該被當作遊獵的戰利品來展示。愛爾莎成了動物有權自由生活的生命象徵。

這部電影的拍攝對我們造成了永續又深遠的影響，我們和亞當森夫婦的合作經驗以及與片中幾頭獅子的相處，點燃了對野生動物的熱情，從此矢志一生奉獻。一九八四年，我們與我們的長子威爾（Will）成立了慈善團體——生而自由基金會。**生而自由基金會**從此不斷茁壯長大。

今天，在威爾的帶領下，團隊在世界各地努力杜絕動

物的受虐與苦難。**生而自由基金會**透過一百多項專案計畫，在獅子、大象、老虎、大猩猩、狼、北極熊、海豚、海龜、以及許多物種的自然棲地裡展開保育作業，並與當地社區合作，幫助人們和野生動物和平共處。

　　這本書是貝拉（Bella）與辛巴（Simba）的真實故事。希望你們喜歡。

Virginia McKenna

演員兼**生而自由基金會**創辦人之受託人
維吉妮亞‧麥肯納（Virginia McKenna）

世界各地的生而自由組織

動物福祉的捍衛

生而自由基金會揭發動物受苦的
真相，全力解決動物受虐問題。

野生動物的救援

生而自由基金會創建並支援眾多
野生動物救援中心。

加拿大

美國

英國

南美洲

動物保育

生而自由基金會矢志保育自然棲息地的野生動物。

社區教育

生而自由基金會與社區密切合作，在當地落實我們所奧援的專案計畫。

歐洲

中國

印度

越南

烏干達

喀麥隆

伊索比亞

肯亞

剛果民主共和國

坦桑尼亞

斯里蘭卡

尚比亞

印尼

南非

馬拉威

這是貝拉和辛巴的故事，他們都在離非洲這個原生環境極為遙遠的地方出生。

關於他們苦難與悲痛的遭遇，也詳載了從囚禁中營救他們出來的過程，以及生活改變之後所面臨的各種挑戰。

貝拉 小檔案

- 出生於羅馬尼亞
- 在羅馬尼亞一座破敗的動物園裡長大
- 討厭下雪，討厭吃山羊肉
- 個性：愛撒嬌、愛玩、非常活潑，愛與人類為伍
- 最愛的玩具：一顆鮮橘色的保齡球
- 討厭叢林野豬
- 會對雷雨咆哮，以為它們是在對她吼叫
- 很愛吃，最喜歡吃牛排當晚餐
- 最大的嗜好：日光浴

辛巴小檔案

- 二〇〇五年一月八日出生於法國
- 喜歡在灌木叢裡磨蹭鬃毛
- 曾經是馬戲團裡的一頭貓科動物
- 從小被關在一台卡車後面的拖車裡 孤單地長大
- 個性：看到生人會害羞緊張， 但脾氣很好、很友善
- 害怕照相機
- 最大的嗜好：吼叫和坐在樹底下
- 最喜歡吃的晚餐：只要是肉都好

知識
小檔案

看到
我，就能
認識一個跟
獅子有關的新
知識哦！

第 一 章
貝 拉

二〇〇六年十二月

羅馬尼亞，布胡西動物園（Buhusi Zoo）

　　在羅馬尼亞一座覆滿白雪的山腰上，布胡西動物園正要開始餵食動物，這裡離陽光普照的非洲大草原非常遙遠。一名疲憊的動物管理員啪的一聲打開老舊的冰櫃，放了一個禮拜、已經走味的生肉立刻飄出一股臭味。敞開的獸籠裡，傳來肚子咕嚕咕嚕叫的聲音，一頭大熊朝著生鏽的圍場欄杆不停翻滾，在冰冷的空氣裡噴出如白煙裊裊的鼻息。大塊的雞肉從冰櫃裡被拖了出來，疊在手推車上。

15

管理員嘆了口氣，心知肚明今天早上又跟平常一樣沒有足夠的食物。

　　管理員抓起手推車，推向雪地。那頭熊拿到了她的雞肉，其中一小塊扔給了一小群澳洲野狗去爭食。

幼獅就像人類的小嬰兒一樣，甫出生是完全無助的，必須完全仰賴母獅的照顧。在野外，母獅會離群索居地找個隱蔽的窩，獨自生下幼獅。她們會變得防衛心很重，拚死也要保護幼獅。幼獅會躲在隱密的窩穴裡長達好幾個禮拜，以免被饑餓的掠食者發現。等到母獅確定他們準備好了，才會帶他們去見獅群裡的其他成員。

接著輪到貝拉，她的籠子就跟其它籠子一樣光禿窄小，乍看之下還以為籠子是空的。但髒污的地板上其實有個身影，那是一頭瘦骨嶙峋、背拱得很怪的母獅。雪花紛飛下，隱約可見金色心形的臉龐和哀傷的盲眼。貝拉⋯⋯是一頭心碎的母獅。

　　貝拉曾有個伴侶，那是一頭英俊的公獅，叫做富士（Fuji），還有兩隻剛出生的小獅子。富士並不在乎貝拉的眼盲，而這缺陷也阻止不了她成為一個好母親。

　　貝拉喜歡舔她的孩子，用鼻子磨蹭他們。可是在布胡西動物園，管理員經常把幼獅從她身邊帶走，好讓他們習慣人類的擺布。這種擾亂性的例行作業破壞了貝拉與她孩子之間的母子關係，貝拉的奶水因此枯竭，再也不能哺乳。小獅子變得體弱多病，最後死亡。

　　但失去孩子只是貝拉傷痛的開始。就在貝拉和富士的第二隻小獅子死後沒多久，富士也病了。他有顆腎臟受到感染，若有獸醫妥善照料，本來也不會那麼嚴重，可是乏人治療的情況下，富士變得愈來愈虛弱，即便貝拉寸步不離，有天夜裡，富士還是離開了。

失去了孩子和丈夫之後，貝拉變得極度渴望人類的陪伴。大部分的貓科動物都是獨來獨往的，但獅子不一樣，他們熱愛社交，終其一生都住在一個大家庭裡。動物園管理員看見貝拉在空盪盪的籠子裡冷到縮成一團，不免開始擔心僅剩的最後一頭大貓將日漸消瘦，孤寂而亡。

第 二 章
辛巴

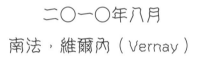

二〇一〇年八月

南法，維爾內（Vernay）

　　遠離布胡西那片冷颼颼的丘陵地，我們來到法國的一條馬路旁，一頭鬃毛蓬亂的獅子四腳張開地趴在一台拖車裡，在高溫底下氣喘吁吁。他沒有水可以喝。若在非洲，他早就匍臥在非洲柿屬樹的低矮樹枝上睡得不醒人事，再不然也是躲進長草遍野的大草原裡。但這裡不是，他從一座城市被拖曳到另一座城市，終日無所事事，只能等待天黑。

獅子大約在一歲左右開始會吼叫，而且經常在夜裡獅吼。

從遠處看，這頭獅子看上去就像落難的國王，全身髒污，悽慘悲涼，但仍舊是眾目焦點。而且還有一個相稱的名字……小獅王辛巴。

路邊一群小孩一瞄見辛巴，立刻朝他的拖車走近，神情顯得緊張。他們繞著鐵欄杆跳來跳去地奚落他，試著激他怒吼。但他要是真的大吼一聲，他們八成會像一群烏鴉聽見農夫的槍聲那樣四散奔逃。

但辛巴不為所動，他懶洋洋地看著這群小孩，背過身去，改用他那光滑結實、如鑄銅般的後臀見客，然後打個

呵欠，又躺了下來，將巨大的頭顱擱在腳爪上。獅子喜歡打盹，一天當中大約有二十個小時都在打盹，這對辛巴來說不是壞事，畢竟無事可做的情況下，若只能在獸車欄杆後面窄小的空間裡來回走動，恐怕會無聊到發狂。

這意思並不是說辛巴有多嚮往野外生活，畢竟這台獸車是他認知所及唯一的家。辛巴才幾個月大的時候就被動物園送給了馴獸師。自那時起，這台小拖車便成了他唯一

一頭獅子的短跑速度可高達時速40英哩（約64公里）。在野外，他們的領地可能涵括100平方英哩（約259平方公里），大約是五萬八千個足球場大的面積。

擁有的空間，雖然他的主人偶爾會把他綁在籠子旁邊，讓他稍微活動一下，但哪怕如此，也幾乎沒有足夠的空間供辛巴這樣的萬獸之王好好地伸伸腿。

　　除了馴獸師、馴獸師的丈夫、以及偶而出現的一群好奇孩童之外，辛巴其實是孤單的。他從來不懂什麼是慈悲，什麼是尊重，也從來沒有別的獅子可以一起玩耍或學習。

辛巴沒有學過非洲大草原上必備的任何生存技巧。所以放他在野外，恐怕活不了一個禮拜。

一頭野生獅子到了兩歲的時候，應該已經跟著他的父母狩獵了一年多的時間，所以能夠獨自撂倒一隻羚羊。

第三章

貝拉

二〇〇七年二月

羅馬尼亞，布胡西動物園

　　布胡西動物園寂靜得很是詭異。這裡多數的動物都死了，冬季刺骨的寒風呼嘯掃過空盪盪的獸籠，生繡的鐵欄杆被吹得咯咯作響。羅馬尼亞的冬天向來冰寒刺骨，對雪豹來說，或許是完美的季節，但對他的遠親非洲獅來說，恐怕是一年當中最悲慘的時節。貝拉原本應當躺在艷陽下，看著牛羚千軍萬馬地奔騰而過，或者從腦滿腸肥的河馬旁邊擠過去，在水池邊找個角落喝水。但此刻的她卻躲

在欄舍的角落，蜷縮在混凝土澆鑄的陰暗獸籠裡。但是……這一切即將改變。

　　二〇〇三年，一群名為**獅吼專案計畫**（**The Lion's Roar Project**）的慈善工作者們，開始著手改善布胡西動物園的環境。最後也算小有成績，但是到了二〇〇七年，動物園關門大吉的時候，他們的使命有了變化。在**生而自由基金會**以及其他組織的協助下，他們開始幫布胡西的動

要改造一頭自小被囚禁的獅子，尤其困難，畢竟從來沒學過如何狩獵和照顧自己。從小若是缺乏母獅的教導，恐怕得費很大的力氣才能找到食物或保護自己。

物們找新家。這是一份相當艱鉅的任務，可憐的貝拉還在等待中。

生而自由基金會想幫貝拉在南非的聖瓦里野生動物保護區（Shamwari Game Reserve）找個新家，那裡已經有兩頭獅子被送了過去。可是貝拉的獸醫很擔心她的左眼，因為青光眼的關係，她的左眼已經腫脹，任何一點輕微的撞擊都會引發出血，而右眼的視力也已經模糊，他們不願冒險害她完全失明。可憐的貝拉長期住在條件如此惡劣的環境下，連骨骼也出了問題。簡單來說，她已體弱多病到完全不適合長途遷移。

大家都不太清楚貝拉來到布胡西動物園之前，經歷過什麼樣的苦日子。雖然這家動物園有它的問題，但似乎還是比她最初待的地方好多了。貝拉還是幼獅的時候，可能曾被幾位黑海（Black Sea）的攝影師當成拍攝道具，向想跟她拍照的觀光客收取費用。她自小就被帶離她媽媽身邊，用鍊子鍊起來，餵牛奶長大。對一頭發育中的獅子來說，牛奶是無法提供足夠必要的維生素或蛋白質。

由於從小沒有喝到足夠營養的奶品，以致於長大後的

貝拉後腿變形，背脊受損，永遠無法正常行走。等到貝拉體型大到對攝影師來說不夠可愛時，就被丟給動物園去繁殖下一代可供豢養的獅子。在貝拉的生命裡，從來不奢求過得快樂。畢竟，快樂從來不存在。

知識
小檔案

幼獅甫出生時是完全無助的，多數時候都在睡覺或進食。就像其他哺乳類動物一樣，母獅會為幼獅哺乳。幼獅幾個禮拜大就會長出乳齒，但仍只需靠母獅的乳汁來發育長大，因為乳汁中含有足量的蛋白質、鈣、和脂肪。幼獅大約三個月大開始吃肉，不過要到六、七個月才完全斷奶。

第四章
辛巴

二〇一二年八月

南法，維爾內

　　在南法的某座園子裡，一切靜悄悄的。一隻體型頗大的公兔子坐在一叢荊棘旁，不停抽動鼻子，細聽動靜。但可惜聽得不夠仔細！砰的突然一聲巨響，辛巴用身子猛撞獸車的欄杆，巨爪撲向兔子。即使一出生就被囚禁，從來沒有機會宰殺自己的獵物，但獵食的本能始終都在。辛巴的內心深處是狂野的。

獅子的身體結
構是專為狩獵量身打
造的。他們是擅長埋伏的掠
食者,但缺乏長途追逐的
耐力。而在他們的獵物裡
頭,有些堪稱是地表上跑得最
快的動物。大部份的狩獵工作都交由
母獅負責,她們像團隊
一樣分工合作。至於
雄獅的工作則是
保護獅
群和領
地。

　　沒有人確實知道辛巴跟馬戲團的馴獸師住在一起時,
受到什麼待遇。雖說馴獸師不應該欺凌或傷害他們的動
物,但還是有很多馴獸師會用粗暴的方式對待動物,更何
況馬戲團的環境和獅子的自然棲息地截然不同。不過我們

獅子喜歡彼此交談。除了吼叫之外，也會發出呼嚕嘟嚷和嘶嘶作響的聲音。

可以確定的是，當辛巴來到維爾內時，整個情況對他來說是很糟的。待在馬戲團的他，至少還有其他動物以及各種景象和聲音的刺激，不至於覺得無聊，但是在這裡，什麼也沒有，只有那隻奇怪的兔子可以嚇唬。

辛巴的馴獸師，生意做得就跟她飼養的獅子一樣，情況好不到哪裡去。她賺的錢只夠勉強養活自己，所以就更別提辛巴了。待情況每況愈下，她索性放棄馴獅的工作，辛巴的拖車最後被移進了後院。每次她放他進院子裡活動時，他通常不肯再回到獸車裡，於是有時候他會被整夜留

在院子裡對著月亮吼叫，對著黑影咆哮。但這座被圈圍起來的院子對一頭盛年期的成年獅子來說終究不夠牢靠，要是辛巴想辦法逃了出去，後果將不堪設想。

　　就本性來說，獅子是危險的動物，哪怕是像辛巴這樣害羞又溫柔的獅子。這頭長年被桎梏的年輕獅子，完全隔絕於世界之外，從來沒有機會去盡情享受他野性的本能，他就像一顆倒數計時的定時炸彈。

　　也許辛巴多少瞭解到生命本來可以更美好，因為他似乎完全絕望了。在夜裡的孤絕吼聲令他的人類鄰居再也受不了，更別提他們其實很怕他可能隨時脫逃。於是一通電話打到了**三千萬好友基金會**（Fondation 30 Millions d'Amis），是一間法國的動物慈善基金會，這家組織專門營救囚牢中鬱鬱寡歡的野生動物。他們對法國當局正式提出警告，於是這頭受難的年輕獅子立刻引起當局的注意。不管過程方法是什麼，反正辛巴所知的世界就要改變了。

第五章
貝拉

二〇〇八年十月

羅馬尼亞，布拉索夫動物園（Brasov Zoo）

　　風暴即將來襲。雷雨欲來的烏雲籠罩在布胡西動物園的上空，遠方的地平線不時有閃電劈啪劃過，像是在起伏的山脈上方施展瘋狂的科學實驗。

　　貝拉已經遷到布拉索夫動物園，離布胡西只有兩個小時路程，但天氣大相逕庭。布拉索夫爲貝拉提供了一個安全的家，她在這裡動了手術，保住那隻還算完好的眼睛的視力，並待在舒適的地方等待康復。

二〇〇八年年底，**生而自由基金會**的獸醫顧問約翰·奈特（John Knight）和專業獸醫外科醫師大衛·唐納森博士（Dr. David Donaldson），以及羅馬尼亞的獸醫團隊，共同為貝拉進行了一項早該執行的手術，拆除患病的左眼。手術是在克朗獸醫診所（Kronvet Clinic）裡做的，這在布拉索夫算是獸醫一門稀鬆平常的作業，診所提供了人力與設施。他們有一台麻醉機，通常是用在貓狗身上，不過也可以稍作調整，運用在更大型的動物手術作業裡，讓手術中的獅子處於昏睡狀態。

獅子的爪子會一層層地長出來，他們都是利用樹幹來磨爪子，保持尖銳。

手術順利，貝拉也復元得很快。獸醫開了營養補充配方，改善她的關節炎問題，也投以驅蟲藥，並施打狂犬病和破傷風的預防注射。她甚至還修了腳趾甲，以確保她可怕的爪子保持在最佳狀態。

　　第一次手術動完後，又過了一兩個月，獸醫團隊在布拉索夫再度集合，為貝拉進行第二次手術，移除右眼的白內障，畢竟她的右眼除了白內障之外還算完好。布拉索夫的獸醫團隊很滿意手術結果，術後沒有併發症。大家都希望白內障移除後，多少能夠恢復她的遠距視力。

　　原本往廢棄的布胡西動物園撲天蓋地而來的暴風雲，並未瘋狂肆虐，反而繼續挺進，千軍萬馬地奔過山脈，撲向布拉索夫。厚重的烏雲擋住了午後的陽光，雨水浸濕了每一寸地表。儘管狂風暴雨撒野不休，貝拉卻完全置身事外，躲在她那溫暖舒適的欄舍裡。

　　這頭母獅似乎很滿意自己的臨時居所，仍在麻藥作用下酣睡的她，白色毛茸茸的肚皮正穩定地起伏。自從來到布拉索夫之後，貝拉便對牛排產生了莫大的興趣，從她那一身健康的毛皮和日益隆起的肚子便可見一斑。事實上，

動物園的獸醫伊翁‧布魯瑪大夫（Dr. Ion Brumar）曾說，要是她再胖下去，就得減肥了。可見貝拉的命運轉變有多大，想想才不過一年前，她曾瘦到胡布西動物園幾乎快要沒有獅子。

獅群抓到獵物後，就會大快朵頤，把自己撐得很飽。獅子是肉食動物，只要抓得到，什麼肉都吃。他們的後齒被稱之為食肉齒，像剪刀一樣特別適合處理質地堅韌的生肉。就連他們的舌頭也布滿倒刺，寵物貓也有，專門用來刮除骨頭上的肉末。

第六章
辛巴

二〇一二年十月

南法，維爾內

　　辛巴在生鏽的籠子裡睡著了，他做著惡夢，結實的身軀不停抖動、瑟縮，似乎正試圖躲開什麼可怕的東西。整台小拖車都充斥著他身上的霉味，跳蚤和蝨子在他頸間打結的鬃毛裡竄進竄出。

　　辛巴正值盛年，或者說他本當正值風華盛年。他的巨爪厚實，他的鬃毛茂盛，若在野外，這些雄性特徵對他的幫助會很大。

公獅的鬃毛會在一歲左右開始長出來，成年公獅不准未來的競爭對手待在他的獅群裡，所以年輕公獅到了兩、三歲，就會離開，去找自己的領地，與新的獅群建立關係。

　　七歲的辛巴理論上早已離開他母親所在的獅群很久了，他長途跋涉，離開出生地的安全範圍，入侵其他獅群的領地。若是他久經歷練地活了下來，找到一處大有可為的全新領地，接下來要做的事就是接管另一群獅子。不過想當然爾，當地的公獅不會那麼輕易地接受一個新老板。

　　辛巴又開始打瞌睡，這時嗅覺敏銳的鼻子在風中突然捕捉到一股陌生又奇妙的氣味。有人朝他走近，而且愈走

愈近，他站起來，好奇地嗅聞空氣，那味道益發強烈。他們朝他直接走來，出聲喚他名字，那是四名帶著手提包和筆記本的男子，臉上的表情溢滿友好與關切。

　　辛巴的馴獸師也在其中，她侷促不安地站在那群人的外緣，垂著雙眼，雙手抱胸。那群陌生的人正在詢問她問題，興致昂然地記下她那喃喃自語式的回答內容。也不知道究竟出了什麼事，但事情好像有了變化。

知識
小檔案

在野外，辛巴蓬鬆的鬃毛有其作用存在，它的毛量和厚度會使獅子體型看起來更巨大，也更威風凜凜。而豐厚的頸毛也具有絕佳的保護作用，可以抵禦其他獅子的尖牙利爪。

第 七 章
貝 拉

二〇〇九年二月
羅馬尼亞，布拉索夫動物園

　　貝拉仰躺在地，四腳朝天，她很疲憊，但很快樂。她抬頭凝視天空的雲，全神貫注，一架飛機消失在雲層後方，留下長長的白色痕跡。天空是很忙碌的，貝拉完全不想錯過它的任何一絲精采。手術前，她從來不抬頭遠望，反正也看不到夜裡的星星、落日的紅霞，抑或是飛鳥。多年來，眼前的一切總是模模糊糊，但現在這世界終於有了焦距。

幫貝拉移除白內障而做的第二次手術相當成功，僅剩的那隻完好眼睛狀況改善許多，遠距視力大幅提升，不過還是看不太到近距離的東西。有時候她在圍場裡踱步時會走得特別慢，小心翼翼地穿過長草叢和灌木叢，彷彿正在忖度四周的空間。事實上那是因為她看不見自己的腳要往哪裡踏，或者除非那東西就在她鼻子底下，否則她不知道腳下究竟是什麼。不過若是遠方有某樣東西吸引了她的注意，她會很有自信地蹦蹦跳跳過去，因為狩獵的本能接管了一切。

　　布拉索夫只是貝拉旅程裡的一個停靠站。整個計畫正順利進展，她將搬到里郎威（Lilongwe），而搬送一頭母獅出境所需的成堆文件也終於大功告成。再過不久，貝拉便可以拋開羅馬尼亞的冰天雪地，轉而迎接馬拉威（Malawi）那無止無盡的明媚陽光。

　　貝拉嗅聞空氣，突然全身繃緊，但肌肉完全沒有抽動，只有尾巴洩露了她的不安。

　　貝拉的目標物是奧斯卡（Oscar），他是布拉索夫動物園裡的另一頭獅子，最近才被移到貝拉的圍場裡。半盲

的貝拉脊椎和後腿都有毛病，照理說，像奧斯卡這樣體格壯碩的獅子極可能會傷害到她。但哪裡料到年輕力壯的奧斯卡，竟被貝拉管得死死的。貝拉是頭支配性很強的母獅，哪怕在失去了富士和她的孩子之後，曾經傷心孤單了好一陣子，卻仍不准奧斯卡接近她。奧斯卡不敢違逆，除非她躺下來，他也才會跟著安靜地躺下來，永遠敬而遠之。

在貓科動物裡，只有獅子的尾尖長有穗毛。他們的尾巴對身體的平衡來說很重要，母獅會抬起尾巴，示意幼獅「跟我走」，也會在團隊狩獵時靠尾巴來彼此示警。

第 八 章
辛 巴

二〇一二年十一月

比利時，NHC野生動物救援中心

（全名Natuurhulpcentrum Sanctuary）

　　辛巴坐在一座木製高台上，他的新圍場長滿茵茵綠草，那雙晶亮的金色眼睛被太陽照得有點目眩，但他紋風不動，前爪懶洋洋地垂在平台前緣，耳尖墨黑的雙耳卻好奇地豎得筆直。表面上看起來他無所事事，但其實相當忙碌，他全身警戒，腦袋清醒，全神貫注地聆聽早晨的動靜。天一亮，這家比利時的野生動物救援中心就到處都有

人和動物在走動。辛巴曾有七年時間獨自待在拖車裡，那極度敏銳的感官現在一定全失了控。

獅子聽得到一英哩以外的獵物聲響或其他獅群的吼聲，那雙可以旋轉的耳朵能精確定位聲源的方向。他們的嗅覺敏銳到不只能分辨獵物是否就在附近，還能知道牠是不是來了又走了？走了多久？白天時，獅子看到的世界跟我們看到的沒什麼兩樣，但到了晚上，就不同了。一旦太陽下山，獅子的視力會比我們人類好六倍以上。獅子的眼睛可以神奇地適應黑暗，再微弱的月光和星光，都能被他們充份運用。他們的瞳孔又大又圓，可以極盡所能地捕捉光線，與家貓的垂直型瞳孔不太一樣。就連他們的臉也有助於夜視，眼睛底下那半圈的白色毛髮可以幫忙反射微弱的光線，讓光直接彈進眼裡，強化視力。

那天來維爾內看辛巴的那群人都是法國動物慈善基金會三千萬好友的工作人員，最後馴獸師如釋重負地讓他們帶走了辛巴，遷到比利時的野生動物救援中心（Natuurhulpcentrum，簡稱NHC），這裡專門收容生病或需要援助的野生動物。雖然這裡對辛巴來說不是永遠的家，卻是美妙的開始。

由於辛巴幾乎一輩子都被關在狹窄的金屬籠裡，所以其實並不知道該如何面對這一小方自由的空間。他不相信

獅子就像所有貓科動物一樣，需要一處陰暗隱蔽的角落才有安全感。在野外，當獅子害怕時，都會找個位置適當的窩穴或藏身處，再不然就是躲在裡頭監視獵物，也有時候，純粹只是想遠離一切，享受專屬於自己的靜謐時光。

陌生的人類，他們是救援中心裡友善的管理員，雖陌生但他們似乎都知道辛巴的名字。

　　不過貓科動物好奇心強，沒過一會兒，辛巴終於抗拒不了外頭的騷動。他先是把頭探出欄舍，嗅聞清新的空氣，那一頭鬃毛像朵超大尺寸的蒲公英在風中翻飛，接著伸出單隻腳爪，用巨大的腳墊試踩短通道外頭的地面，然後又伸出另一隻……不一會兒，辛巴跑到了外面，放肆地奔跑、翻滾，探索那寬敞的新家。這恐怕是他生平第一次覺得好玩。

　　在NHC待了一個月的辛巴，看到陌生人仍然會感到緊張，但已經習慣了那群新管理員，而且顯然最喜歡巴特‧希爾文（Bart Hilven）。每次巴特遠遠走來，嘴裡哼著小調，辛巴就會立刻抬起頭來。

　　那張俊臉的表情猶如獅身人面像一樣高深莫測，但尾巴卻大力甩動，洩露出他的好奇。他慵懶地打了個呵欠，露出滿嘴黃牙和起伏波動的粉色巨舌，然後站起來，伸個懶腰。

巴特只是經過這裡，不過還是停下來跟他打招呼。辛巴從平台上溜下來，大搖大擺地走過來見他，把鼻子從欄杆縫隙伸出去，嗅聞巴特的手，再用臉磨蹭，很是親膩。

　　辛巴現在顯然快樂多了，但離非洲的美好生活還有一段很長的路要走。

知識
小檔案

獅子會用磨蹭
的方式招呼彼此，
這種磨蹭很熱情、力
道也很大。公獅有時
候甚至會撞倒對方。
這種磨蹭有其作用，
獅子的嘴角有香腺，
可以透過磨蹭釋出氣味到對方身上，
而這種氣味就像是一種跟你交好的
記號或所有權的宣示。

第九章
貝拉

二〇〇九年二月
前往馬拉威

　　這一天貝拉終於要離開羅馬尼亞。天空又開始飄雪，不過這會是這隻大貓最後一次見到白雪！貝拉從來不喜歡雪，等她去了馬拉威，站在烈日下的草原上，一定不會再想念它。暮色降臨，光線漸暗，**生而自由基金會**的專業獸醫約翰・奈特朝貝拉注射了一劑鎮定劑，以便將她順利地裝進旅行貨櫃裡。

救援小組趁貝拉昏睡之際，將她輕輕抬起，放上擔架，裝進板條箱，再送進待命中的卡車後車廂。羅馬尼亞的新聞媒體全員到齊，文字記者忙著寫筆記，攝影記者則忙著在貝拉的板條箱四周卡位。多月來的募款，貝拉儼然已躋身名流之列，來自世界各地的人都想分享她這趟從心痛回歸幸福的返鄉之旅。

準備上路的貝拉醒了，對四周喧嘩的人聲以及此起彼落的鎂光燈完全無感，她從容面對一切，一如平常地慵懶，十足的名流風範。沒多久，卡車隆隆的駛出動物園的大門，朝通往布

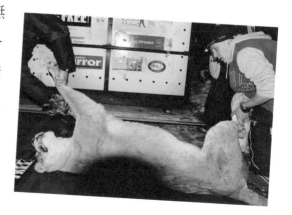

雖然獅子有時候被稱為「森林之王」，但其實他們居住在非洲草原和開闊的林地裡。不過還是有一小群亞洲獅住在印度的吉爾國家森林公園裡（Gir Forest）。

加勒斯特（Bucharest）的山路駛去。等到貝拉的腳爪再次接觸地表時，那將是非洲布滿紅色沙土的大地。

貝拉從布加勒斯特飛到希斯洛機場（Heathrow Airport），那裡聚集了更多記者，都希望能一睹著名的獨眼母獅風采。薇吉妮亞‧麥坎娜就站在一架巨大的肯亞航空（Kenya Airways）飛機的黑影底下等著迎接貝拉，她會陪**生而自由基金會**的團隊踏上最後一哩路，前往馬拉威。

這是一趟漫長但平靜無波的飛行。貝拉終於抵達里郎威機場，里郎威野生動物中心（Lilongwe Wildlife Center）主任李・史都華（Lee Stewart）以及他的團隊成員，滿臉笑容地迎接她的到來。一座滿布林蔭的大圍場正等著庇護所的第一頭獅子入住，一切安排都經過細心計劃，小至供她休憩的平台不能離地面太高，以免脊椎不好的她爬不上去，大至特地打造一棟寬敞的室內屋，供她躲避人群和遮風避雨，因為雨季來臨時，所有地表都會被滂沱大雨侵蝕。一切都很完美，萬事俱備，只等貝拉親臨。

第十章
辛巴

二〇一二年十二月

NHC

　　大辦公室的電話響個不停，但NHC的所有志工都在忙，只能靠電話答錄機暫時招架。原來都還不到午餐時間，就已經有十五隻動物被營救，獲准入園。在手術室裡，一名獸醫正在全力搶救一隻因打架受傷，肚子被咬了好幾個洞，連左耳也被撕爛的小狐狸。

　　這時的辛巴正忙著抓鴿子，這隻倒楣的鳥完全不知道她選擇降落的地點竟然有獅子。她專心整理身上的灰色羽

毛，根本沒注意到辛巴正偷偷摸摸地匍匐過來。不消多久，辛巴與獵物之間的距離，已短到有如探囊取物，但鴿子完全不察。辛巴蹲伏下來，屏住呼吸，等候最佳時機……然後猛地撲上去！剛梳理好的羽毛全噴飛至空中，緩緩掉落地面，鴿子癱死在辛巴的大嘴裡。

辛巴的獵殺本能表露無遺，他突然對潛行和狩獵起了莫大的興趣。不過其實他不算是經驗老到的狩獵者，所以

知識小檔案

獅子的狩獵方法有幾種，有時候是慢慢跟蹤獵物，等到最後才衝刺追捕；也有時候是躺在某處等候，因為他們認定那裡一定有獵物，通常是靠近水源的地方。

抓到獵物之後，反而不太確定自己該拿它怎麼辦。它看起來不像是他平常會吃的食物，鳥屍軟趴趴地垂在嘴邊，羽毛呵得他鼻子好癢。這對辛巴來說太新奇了，而且一頭霧水。

NHC 已經幫五頭曾被囚禁的獅子在非洲找到新家，整個團隊都希望辛巴能成為第六頭獅子。可惜的是，不是很多人都有足夠的空間容納得了一頭成年公獅，所以雖然頻頻電話聯繫，工作人員也到處奔走，辛巴還是得待在原

地等候。不過這也不是什麼壞事，畢竟跟他以前那髒污不堪的老家相比，這裡簡直就像天堂，而他們當然也盡可能地給了他最完善的照顧。辛巴的肌肉一天比一天結實，成了野生動物中心的萬獸之王，現在只需要一個朋友來分享

他的王國。NHC 的電話又**響**了，這次是**生而自由基金會**的英國辦公室打來的，他們想詢問辛巴的事。原來他們正在幫一頭住在非洲的母獅尋找伴侶，所以想了解更多關於辛巴的事。

這一天對辛巴來說是個大日子。先是成功地抓到一隻鴿子，現在又有人來說媒……他可能將會有伴侶，甚至可能在非洲有個永遠的新家！當然，他完全不知情，但在幕後，一切都開始快馬加鞭了起來。

第十一章
貝拉

二〇〇九年三月
馬拉威，里郎威

　　里郎威野生動物中心盤據在馬拉威首都的舊城與現代市中心之間，下了繁忙的肯雅塔公路（Kenyatta Road）就到了。它成立於二〇〇七年，專門提供庇護所給營救出來、充公沒收、成了孤兒、或受了傷的野生動物，這裡物種繁多，占地一百八十公頃，景觀優美自然。雖然是庇護所，環境上卻盡可能地近似野地。而在中央地帶有廣達兩英畝的地方，以長達四百公尺的堅固圍籬小心地隔開，現

在完全專屬於貝拉。

　　載著中心新房客的卡車終於停了下來，**生而自由基金會**的團隊小組開始卸下貝拉的板條箱。不到幾分鐘，便大功告成，興奮的工作人員準備拔開插銷，開門讓貝拉展開新生活。

　　起初貝拉不肯出來。這是典型的貓科動物作風，老愛跟人唱反調，她安坐在板條箱裡，一時都不肯移動。敞開

知識小檔案

獅子是趾行動物，意思是他們是用腳趾行走，每個腳爪都有軟墊，移動的時候可以悄然無聲。

的門外是兩英畝大的美麗圍場，但貝拉硬是坐在原來的位置，背對著外頭壯麗的景致。她看到太多陌生人，也在空氣中聞到太多陌生的氣味，自覺招架不住，寧願繼續待在她至少已經熟悉的小板條箱裡。

差不多一個小時過後，貝拉開始出現想要出來的動作跡象。那隻還算完好的單眼在亮晃晃的太陽底下瞇了起來，接著她小心翼翼地舉起一隻腳爪，越過金屬箱的門檻。

貝拉站著不動，嗅聞著空氣。羅馬尼亞有松樹林的味道，有時也聞得到春天百花盛開的氣味。但在這裡，只聞

得到令人陶醉的長草叢香味，還有一點專為她建造的水坑的水腥味。另外還聞到其他動物身上的霉味，但貝拉對這味道並不陌生。除此之外，還有乾燥的非洲沙土味。

新的聲響也不少。狒狒正喋喋不休，有條蛇滑行在大片檸檬草叢裡，禿鷹從頭頂上拍翅而過，羽毛窸窣作響。一切都不太一樣，就連太陽也變得比貝拉所認知的還要明亮和熱燙。她環顧四周幾分鐘後，小心翼翼地將一切盡收眼底，最後終於走出板條箱，抬高頭，表情警戒。貝拉這頭非洲獅，生平第一次站上非洲的土地上。

貝拉站在土灰色的灌木林地上，瞪看著幾棵長得亂七八糟的智利瑪樹（Chilema trees），再轉頭左瞧右看，觀察那群在籬笆外默不作聲，打量著她的人。這時突

如其來，一件非比尋常的事情發生了。貝拉朝薇吉妮亞‧麥坎娜走過去，目標明確，並用她僅剩的眼睛盯著對方，久久凝視，彷彿知道薇吉妮亞是何許人也，她想跟她說聲謝謝。或許是貝拉感受得到薇吉妮亞‧麥坎娜特別愛獅子，又或許只是因為她有遠視，所以必須很費力地將焦距

放在離她最近的那個人身上。但對在場人士來說，那是感人的一刻。一頭母獅和一位女士，她們站在一起，滿懷敬意與善意地凝望彼此。

最後貝拉破除魔咒，步伐閒適地朝林蔭走去。在傍晚

夕照的紅霞下，她身上的毛皮就跟她走進的那片及膝長草一樣，閃著金黃色的色澤，對一頭非洲大貓來說，這是狩獵者絕佳的偽裝。

　　貝拉回頭看了薇吉妮亞最後一眼，隨即消失在長草叢裡。她終於可以自由地奔跑、遊蕩、攀爬、和探索她的新家園。

獅子喜歡撒嬌，同伴間的感情可以很親密要好。如果是被從小圈養長大，往往會跟照顧他們的人培養出深厚的情感。

第 十 二 章
辛 巴

二〇一四年二月

前往馬拉威

　　生而自由基金會認為個性溫和的辛巴會是他們那頭孤
單的母獅貝拉最佳的伴侶。目前為止，貝拉已經在里郎威
住了五年，成為庇護所裡一頭招牌大貓。訪客們都很喜歡
她，因為他們通常可以近距離地觀看貝拉。她很得人疼
愛，每天都過得很開心，但仍然形單影隻，需要另一頭獅
子來填補她旁邊的空位。

　　在此同時，辛巴已經九歲了，還不曾真正認識別的獅

每頭獅子都
是獨一無二的，
他們鼻口上面的
斑點都有各自
獨特的紋路。

子，也從來沒有盡情奔跑過，或者感受熱辣的非洲太陽照在他的背上。他夜裡的孤吼更是從來沒有得到過回應。

　　兩頭獅子都已經孤單了太久，這一點勢必得改變。於是**生而自由基金會**和NHC以及里郎威野生動物中心聯手合作，撮合他們兩個。

　　要把一頭完全成年的獅子遷到八千公里以外的另一個國家，需要一套周全完備的計畫才行。不過大洋兩端分頭

進行了數個月的募款、準備工作、以及文書作業之後，辛巴終於得以成行，展開旅程，從歐洲前往非洲的心臟地帶。

　　一頭獅子的運送時間若是超過二十四小時以上，風險往往很大，過程中可能出現脫水和暴走的問題，所以旅程中的每個環節都要小心計劃。在大日子到來之前，辛巴的管理員巴特甚至先花了幾個月的時間，用大塊牛排當誘餌，演練如何將辛巴哄到運輸籠裡。

　　然後就在二月一個細雨綿綿的清晨，**生而自由基金會**的搬遷小組抵達NHC，他們的車隊一路浩浩蕩蕩，共計六台發亮的Land Rover越野車，就像騎士們要來拯救一位陌生又毛茸茸的公主。其中一台繪有獅爪印的越野車，後面拖了一台亮紅色的運馬拖車，很適合裝載獅子。史詩般的旅程即將展開，前往里郎威野生動物中心的時刻終於到來，辛巴將被遷往貝拉圍場的隔壁暫當鄰居。

　　此刻這裡聚集大批人群想跟辛巴道別，NHC裡的每位工作人員都會想念這頭體型巨大、脾氣特好的庇護所大

貓，尤其是巴特。當地新聞媒體也全員到齊，爭相拍照，
但辛巴不像貝拉是天生的名流。他在鏡頭前面很是靦腆，
人類的推擠和圍觀令他很不安。

　　所以整個團隊得盡快作業才行。巴特先拿出牛排哄辛
巴進運輸籠，過程順利極了，幾個禮拜來的辛苦練習總算

有了代價。等到身後的籠門一關，插銷一扣，辛巴就在舒適的角落慢條斯理地坐下來，當然巴特也隨行照顧。

　　Land Rover越野車車隊終於從野生動物中心開拔。不明就裡的人看到車隊，恐怕會以為他們是在護送某搖滾巨星或王室成員，搞不好是何方神聖的外交官。不過儘管車隊保護周延，讓人看不出所以然來，但那輛帶隊領頭的 **Land Rover**越野車，車身上的**生而自由基金會**車徽，再加上獅爪印的圖案，恐怕也不難讓人猜到。辛巴以及他的隨從很是神氣地由車隊護送了四個小時，安全抵達阿姆斯特丹的史基浦

機場（Schiphol Airport），簡直如同國王出巡。

到了史基浦機場，肯航的地勤小組立刻接手工作。**生而自由基金會**是肯航選定的慈善機構，除了會在飛行途中幫他們募款之外，也協助**生而自由基金會**的營救作業，幫忙免費運送他們的野生動物。這表示像辛巴這樣的動物，可以搭機飛往千里以外的新家園。

就在辛巴隔離檢疫的同時，文書作業也同步進行，板條箱已經牢固地捆在運貨板上，隨時準備裝進機艙。辛巴這架飛往馬拉威的班機，會在奈洛比（Nairobi）的喬莫

88

肯雅塔機場（Jomo Kenyatta）短暫落地，然後再飛越桑比亞（Zambia），降落在里郎威。

　　薇吉妮亞・麥坎娜將在奈洛比與團隊會合，完成這趟壯舉的最後一哩路。這是**生而自由基金會**三十周年紀念日的前夕，也使得辛巴回歸非洲的這個時間點變得格外有意義。

第十三章
貝拉

二〇一四年二月

里郎威

　　在非洲烈日的高溫下，馬拉威的草原閃著金黃的微光。萬里無雲的碧空無邊無際，大地龜裂乾渴。

　　在一株金合歡樹的樹蔭下，貝拉正在一小塊旱地上玩耍她的新玩具，那是一只內有填充物的麻袋，外頭裹了層羚羊的糞便，那天早上就被丟在圍場裡，等著她去找出來。自從貝拉找到麻袋之後，便一直拖著它到處走。麻袋裡裝的是稻草和枯葉，還抹了她的獵物的糞便，再噴了點

貓薄荷和滴了點薰衣草油，這些味道加總起來對貝拉來說美妙極了。

里郎威的團隊總是想盡辦法逗園裡的

這頭母獅開心，想讓她住得舒舒服服的。於是在貝拉的圍場裡，到處都放置了有趣的玩具，鼓勵她去認識新家的每一寸土地。

礙於視力的關係，貝拉總是不太願意離開她熟悉的角落，因此工作人員每個禮拜都會找一天在她沒去過的圍場角落放置帶有血味的冰棒點心，一方面是誘她到處走走，另一方面也是幫她午後消暑，這個計畫的成效不錯。雖然進展很慢，但貝拉確實開始隨心所欲地在圍場裡游蕩，忙著四處嗅找那些腥臭的新玩具。

不過貝拉的有些舊習還是根深蒂固。比方說，她仍然喜歡人類的陪伴。要是有人接近，她就會急切地衝過來，在籬笆邊磨蹭，歡迎他們，嘴裡發出呼嚕聲，親切招呼對方。

要是她格外興奮的話，甚至可能跳來跳去，刨抓地面，推撞籬笆。有時還會仰躺在籬笆底下，四腳在半空中拍打。

不過貝拉也不是好欺負的，若是有非洲野豬東聞西嗅地走過來，打擾了人類的來訪，她會毫不客氣地趕走牠們，沿著圍籬這頭追著另一頭的牠們跑，發出兇猛的吼叫。有時候管理員來打掃她的畜棚，或者定期檢查圍場四

98

周的籬笆，她就會偷偷跟在他們後面。所幸，她並不想吃掉她的人類幫手，對貝拉而言，這純屬好玩，只是一種遊戲。

馬拉威的雨季即將登場，天空風起雲湧，空氣悶熱沉重。

風裡挾帶著濕泥巴的味道，貝拉站著嗅聞空氣。第一滴雨從天而降，砸在地表，四散飛濺，你彷彿聽見乾渴的土壤如釋重負地長吁了口氣。每逢羅馬尼亞寒冽的季節降臨時，貝拉總是躲得遠遠的，深怕被暴

風雪掃到，但在馬拉威，她可不怕。雷聲隆隆作響，貝拉站穩腳步，對著烏雲怒吼，季風帶來的大雨開始滂沱打下。

里郎威野生動物庇護所的工作人員都在興奮地竊竊私語。對他們來說，這是一個大日子，有一頭新的獅子要來了。

強納森・沃恩（Jonathan Vaughan）是現在的中心主任，他早上五點就起來忙著準備迎接新房客。大家都希望天公作美，不要下雨，好方便他們歡迎新到的房客。但連著四天的晴朗天空，現在卻是大雨滂沱。

貝拉好奇地看著大家忙進忙出，琥珀色的杏眼冷眼旁觀四處張羅的工作人員和志工們，似乎誰都沒空停下來跟她說聲嗨。貝拉發現這幾天大家都不太理她，這實在太不尋常了。

她靜靜地坐著，揮動尾巴趕走蒼蠅。蒼蠅很討厭，老愛囓咬她的耳緣，還把她的鬍子呵得好癢。但只要管理員幫她噴一些香茅驅蟲劑，就能神奇地趕走牠們。

貝拉其實很喜歡噴驅蟲劑，但是今天沒有管理員來幫她，那些咬她呵她癢的蒼蠅遲遲不肯離去。

　　其實有名聰明的志工早就想出一招很管用的驅蠅方法，在圍場的網籬上掛了一根舊掃把，可以供貝拉刮走臉上的蒼蠅。可

惜貝拉對這根掃把的用途自有想法⋯⋯她把它當牙刷啃。

　　在此同時，工作人員又對新獅子的圍場四周做了最後一次巡禮。再過不久，貝拉的準鄰居就要到了。但若他們寄望她能有點禮貌，表現善意，那應該是在癡人說夢吧。

第十四章
辛巴

二〇一四年二月

馬拉威

　　辛巴搭機抵達非洲，受到了英雄式的歡迎。大家都渴望知道這頭名獅，在經歷這趟史詩般的旅程後，是否無恙。辛巴的表現可圈可點，就連獸醫幫他體檢時，他都給足面子。

　　第一批下飛機的是**生而自由基金會**的一群專家，儘管大家都因長途飛行而累壞了，但看見全體委員帶著彩色布條前來歡迎他們，還是開心到無以復加。大家互相握手、

擁抱，接著，是時候輪到辛巴出場，重回堅實的地面上。

　　機場的工作人員得知有一只很特別的貨櫃抵達，也開始聚集，希望一睹那被放逐在寒冷的北國，終於回到家的「mkango」（獅子）。（譯註：奇切瓦文，當地土著的母語。）保安人員要求大家後退，拉開跟板條箱的距離，護獅心切的薇吉妮亞也在旁邊幫忙，提醒群眾，辛巴需要一點空間才不會害怕。

　　由於工作團隊急著想把辛巴送到野生動物中心，不容許任何一點耽擱，因此火速回覆記者的任何提問。他的脫水情況比原先預期得嚴重一點，而且還得再完成一段公路旅行，才算完全大功告成。

　　哪怕辛巴班機落地馬拉威的時候，天空已經放晴，但那天早上才下過的大雨，意謂著通往新圍場的那幾條小路將會泥濘不堪。原本要派上用場的卡車恐怕無法通行。

　　還好**生而自由基金會**認識一些熱心人士，他們事先就未雨綢繆地安排了不怕雨季攪局的運輸工具。荒原路華（Land Rover）也同意支援，從鄰國桑比亞的首都魯沙卡

（Lusaka），離里朗威最近的一家經銷商調了三輛堅固的四輪傳動車，直接橫越桑比亞來到馬拉威，與辛巴和隨行人員在肯航班機的機門旁邊會合。

就在整個辛巴小組安穩地駛離機場時，天空被烏雲籠罩，天色暗了下來，大夥兒只能祈求天氣別再惡化。車隊四周是一望無際的非洲大地，灌木遍野，綠色樹林時隱時現。穩坐在拖車裡的辛巴，八成也大口吸進了那溫暖又潮濕的空氣，敏感的鼻子一定也察覺到了空氣裡千奇百怪的異國氣味。

最後的幾碼路，是靠著里朗

威的八名壯漢扛著辛巴半噸重的板條箱才抵達他的圍場。為了讓他安心，巴特一直守在旁邊，隨時提供飲水。薇吉妮亞也亦步亦趨地全程跟著。

離開比利時二十六個小時之後，辛巴終於爬出板條箱，走進他的新家。他被直接扛進他的夜間欄舍，好讓獸醫團隊幫他全身檢查。就在板條箱前門打開的那一剎那，辛巴直接衝了出來。在經過漫長的旅程之後，他看起來出奇地開心而且自信。

辛巴吃了一隻雞當點心……是全雞哦！嘎吱嘎吱地嚼兩下就吞進肚了。現在該是時候探索他的新圍場了：這是一座占地一英畝的原始森林，可以讓他在太陽底下奔跑、攀爬、玩耍、和打盹。這是屬於辛巴的一

小塊非洲土地。工作人員和獲邀前來的嘉賓齊聚一堂，觀看辛巴生平第一次踏上非洲的草地。入口處的合唱團再度集合，配合非洲鼓音，齊聲詠唱，揚起的歌聲和著鼓音的節奏，歡迎辛巴的到來。

辛巴溜進太陽底下，驚奇地瞇起眼睛，將一切盡覽眼底，這是他以前從來沒有過的經驗。空間好大！他的新家遼闊到根本看不到領地的盡頭。辛巴以前從來沒爬過樹，但現在四周都是樹，猶如渾然天成的冒險遊樂園，還可以遮蔭和避風擋雨。躺在路上的那玩意兒又是什麼？難道是另一隻可以大口吞下的雞？哦，萬歲！這地方實在太棒了！

　　辛巴四處走動，在他的新世界裡探索每一寸土地，合

唱團的歌聲響徹雲霄，迴盪在雨過天晴的陽光下。這一切對辛巴來說都太新奇了：長草叢、溫熱的空氣、林子。除此之外，還有別的……某種令他格外興奮的陌生氣味。他緩步走向隔壁的夜間欄舍，味道是從這裡來的，但究竟是什麼呢？有點似曾相識，他一定要好好調查，只是現在有太多新奇的東西等著他看、等著他玩。

　　辛巴站了一會兒，頭抬得高高的，金色眼睛眨也不眨地審視自己的新王國。然後一個扭頭，縮起小腹，發出足以撼動大地的獅吼……丹田有力，像是在說：「我來了，我沒那麼好惹！這塊地……是我的了！」

　　國王回到家了。

第十五章
貝拉和辛巴

馬拉威，里郎威

　　對貝拉和辛巴來說，他們之間不算是一見鍾情。事實上，辛巴來到里郎威之後，有將近一個月的時間，都不能跟貝拉碰面。辛巴必須隔離檢疫三十天，野生動物中心的獸醫們會趁這段時間確保辛巴身體健康無恙。兩頭獅子的夜間欄舍中間有木板隔開，彼此不會被隔壁傳來的走動聲干擾。

　　不過他們聞得到也聽得到對方的動靜，貝拉對她的新鄰居尤其興奮。

她會在圍場的籬笆邊快步地上下來回走動，急切地喵嗚叫。辛巴倒是對探索自己的新環境比較感興趣，完全不知道是誰在籬笆對面發出那些滑稽的聲音。不過他這邊的玩意兒都棒呆了！他等不及想宣示他對這一切的主權。

　　有一天深夜，就在木製隔板放下來後，辛巴竟坐在籬笆邊，凝神聆聽貝拉的呼喚，最後決定回應她。他的獅吼起初低沉，然後漸漸拔高，愈來愈響亮，腳下地面彷彿也在震動。

然後奇妙的事發生了。貝拉也獅吼回來，她快步走向籬笆，坐了下來，離辛巴只有幾公尺之遙，中間隔著鐵絲網。辛巴在草地上蹲下來，低吼嚎叫。低沉的吼音你來我往，迴盪在漸暗的夜色裡。辛巴一寸寸挺進，直到腳爪觸到籬笆。他以前從來沒跟別頭獅子對話過，他發現他喜歡對話。

隔著籬笆，友好地對吼了幾個禮拜之後，終於等到了要讓貝拉和辛巴同處一個空間的那一天。在**生而自由基金會**貓科動物專家湯尼・威爾斯（Tony Wiles）的協助下，里郎威的工作團隊緊張地等候，就連滅火器都準備好了。撮合兩頭獨居的獅子，是件危險的事，沒有人能保證當他們面對面時，會作何反應。如果貝拉和辛巴打了起來，可能傷及其中一頭獅子，或者兩頭都受傷，甚至死亡。

里郎威的工作人員打開辛巴和貝拉夜間欄舍中間的柵門，心中暗自祈禱一切順利，但仍不免緊張，心臟砰砰砰地跳。辛巴信步走了過來，試圖問候貝拉，但貝拉竟突然火大。儘管她先前喵喵嗚地不斷釋出善意，可是一看到她

的領地被這頭自以為是的年輕公獅冒然闖入，她就發飆了。她撲了過去，兇惡地攻擊，齜牙低吼，揮出孔武有力的腳爪，撲上辛巴，朝他喉嚨開咬。要不是辛巴有自我保護性的厚重鬃毛，脖子八成已經被她咬斷。辛巴邊咆哮邊後退，拚命想逃開。但貝拉還是不斷進逼，憤怒地齜牙咧嘴，然後就像起初無預警地突然撲上來一樣，又無預警地突然停止瘋狂攻擊，轉身離開。

辛巴趕緊溜之大吉，想找個地方自我療傷，盡可能遠離貝拉。但貝拉緊跟不放，又朝他猛揮了幾爪。辛巴不知道自己做錯了什麼，只能試著離她遠一點。可是她不肯放過他。最後工作人員把他帶到夜間欄舍的安全角落，並在夜裡關上了柵門。他們得等到明天再試一次。

其實一開始就沒有人天真地以為這種事很容易，兩頭孤單的獅子本來就不可能立刻情投意合。但日子一天天過去，里郎威的團隊都希望能早日改掉貝拉的敵意，辛巴也開始能躲則躲。這不能怪他，若要這對獅子盡釋前嫌地交好，一定得做點什麼才行，而且要盡快。

　　問題出在貝拉。獨居了這麼久的她，起初的好奇變成了自我防衛，原本的喵嗚示好全化成了威嚇的怒吼。也許是她受限的視力使她自覺處於弱勢，所以要讓辛巴這頭年紀小她一截，體型大她兩倍的公獅知道她不是好惹的。她以前也對奧斯卡耍過同樣伎倆。不管理由是什麼，她的方法都奏效了，辛巴確實怕她。

無可奈何下，里郎威的工作團隊只能改採另一種方法，這次不是放辛巴走進貝拉的領地，而是先讓他待在自己的空間裡，再讓貝拉從她圍場裡慢慢過去。結果這一招竟意外地奏效。

　　登堂入室到辛巴領地裡的貝拉，開始表現友善。但對辛巴來說，這種一百八十度的態度轉變就跟她無緣無故地

展開攻擊一樣令他無所適從。他的訪客在他面前大刺刺地走來晃去，甚至試圖舔他。他該怎麼辦呢？她是打算再痛毆他一頓嗎？辛巴不確定自己該如何招架這頭脾氣陰晴不定的母獅，於是溜回自己的夜間欄舍，一頭霧水地坐在那裡，拒絕出來。

不過這起碼是個起步。收容中心的工作團隊得趕緊打鐵趁熱。日子一天一天過去，然後是一個禮拜接一個禮拜地過去，工作人員不厭其煩地讓這兩頭獅子三不五時地碰面，次數一多，竟也就開始習慣了彼此的陪伴。到了春天，他們已經能在太陽底下放鬆地休息。夏天到來的時候，他們肩併肩地繞著圍場快步遛達，在林子底下打盹，遠望如一坨毛球。終於有一天，隔開兩座圍場的門再也不用關上，他們再也不孤單了。

救援之後
貝拉與辛巴

馬拉威·里郎威

　　太陽沉向光禿的紅色丘陵，天際不時可看到黑鳶繞圈俯衝。又是馬拉威夏日炎炎的一天。一切都靜悄悄的，只有灰色犀鳥拔高尖叫。

　　兩頭獅子躺在他們最喜歡的角落，在一株結滿黃色果實的猴麵包樹下，聽著蟲鳴鳥唱：那是獨眼母獅貝拉和她那氣宇軒昂，一頭暗色鬃毛的伴侶辛巴。他們的毛皮健康到猶如夕照下的黃金閃閃發亮。

一隻豪豬在這對獅子目光戒慎的眼皮底下東聞西嗅地走過去。如果是幾個月前，辛巴恐怕會撲上去抓牠，並為此付出慘痛的代價。在野外，若無獸醫伸出援手，豪豬身上像鋼毛一樣硬的尖刺會一輩子扎在獅子的下顎，也因此，這種小動物堪稱獅子的天敵之一。不過辛巴就像他的伴侶一樣，自從來到里郎威之後就學會了不少東西。現在他對他領地裡的動植物都知之甚詳，再也不會笨到去撲抓

豪豬。雖然辛巴甫出生就被囚禁，跟貝拉一樣曾生活在最絕望的環境裡，但體內的野生基因已經被完全喚醒。如今這裡的一切都逃不過他的法眼，他是這兒名符其實的老大，也是那頭雍容華貴的老母獅的伴侶，只要她活著的一天，他就會全心愛她、保護她。

太陽沉到地平線底下，辛巴挨近貝拉，用鼻子搓揉她的頸項。空氣裡瀰漫著檸檬草和野生蘭花的氣味。就在第一批星星眨著眼睛、閃爍不定地現身非洲夜空時，兩頭快樂的獅子同時轉頭，放聲獅吼，響徹絲絨般的蒼穹。

蘋果文庫 109

拯救獅子
Lion Rescue

作者｜莎拉・史塔巴克（Sara Starbuck）
譯者｜高子梅

責任編輯｜呂曉婕
封面設計｜伍迺儀
美術設計｜黃偵瑜
文字校對｜呂曉婕、陳品璇

創辦人｜陳銘民
發行所｜晨星出版有限公司
行政院新聞局局版台業字第2500號
總經銷｜知己圖書股份有限公司
地址｜台北　106台北市大安區辛亥路一段30號9樓
TEL：(02)23672044／23672047　FAX：(02)23635741
台中　407台中市西屯區工業30路1號1樓
TEL：(04)23595819　FAX：(04)23595493
E-mail｜service@morningstar.com.tw
晨星網路書店｜www.morningstar.com.tw
法律顧問｜陳思成律師
郵政劃撥｜15060393（知己圖書股份有限公司）
讀者專線｜04-2359-5819#230

印刷｜上好印刷股份有限公司

出版日期｜2018年5月1日
定價｜新台幣230元

ISBN 978-986-443-424-4
By Sara Starbuck
Copyright © ORION CHILDREN'S BOOKS LTD
This edition arranged with ORION CHILDREN'S BOOKS LTD
（Hachette Children's Group Hodder & Stoughton Limited）
through Big Apple Agency, Inc., Labuan, Malaysia.
Traditional Chinese edition copyright:
2018 MORNING STAR PUBLISHING INC.

國家圖書館出版品預行編目資料

拯救獅子 / 莎拉・史塔巴克（Sara Starbuck）作；
高子梅譯. -- 臺中市：晨星，2018.05
　　面；　　公分. --（蘋果文庫；109）

譯自：Lion Rescue

ISBN 978-986-443-424-4（平裝）

1.獅　2.野生動物保育　3.通俗作品

389.818　　　　　　　　　　　　107003207

廣告回函
台灣中區郵政管理局
登記證第267號
免貼郵票

407　台中市工業區30路1號
晨星出版有限公司

TEL：（04）23595820　　FAX：（04）23550581
e-mail：service@morningstar.com.tw
http://www.morningstar.com.tw

請延虛線摺下裝訂，謝謝！

生而自由系列

拯救獅子

蘋果文庫 悄悄話回函

親愛的大小朋友：

感謝您購買晨星出版蘋果文庫的書籍。歡迎您閱讀完本書後，寫下想對編輯部說的悄悄話，可以是您的閱讀心得，也可以是您的插畫作品喔！將會刊登於專刊或FACEBOOK上。免貼郵票，將本回函對摺黏貼後，就可以直接投遞至郵筒囉！

★購買的書是：<u>生而自由系列：拯救獅子</u>

★姓名：_____ ★性別：□男 □女 ★生日：西元____年____月____日

★電話：_____ ★e-mail：_____

★地址：□□□ _____ 縣／市 _____ 鄉／鎮／市／區

　　　　_____ 路／街 ____ 段 ____ 巷 ____ 弄 ____ 號 ____ 樓／室

★職業：□學生／就讀學校：_____　　□老師／任教學校：_____

　　　　□服務 □製造 □科技 □軍公教 □金融 □傳播 □其他 _____

★怎麼知道這本書的呢？

　　□老師買的 □父母買的 □自己買的 □其他 _____

★希望晨星能出版哪些青少年書籍：（複選）

　　□奇幻冒險 □勵志故事 □幽默故事 □推理故事 □藝術人文

　　□中外經典名著 □自然科學與環境教育 □漫畫 □其他 _____

★請寫下感想或意見